大学物理信息化教学丛书

大学物理实验报告学习指导
（第三版）

黄楚云　邓　罡　主编

科学出版社
北　京

内 容 简 介

本书根据教育部颁发的《理工科类大学物理实验课程教学基本要求》(2010年版),结合理工科高等学校的专业设置特点和拟开实验项目的实际情况,在多年教学实践的基础上编写而成,全书共20个实验,内容包括力学、热学、电磁学、光学、声学、近代物理实验等常开实验项目。

本书与《大学物理实验教程(第三版)》(黄楚云、徐国旺主编,科学出版社2022年8月出版)配套使用,可作为高等学校理工科各专业大学物理实验课程的教材配套辅导书,也可供实验技术人员参考。

图书在版编目(CIP)数据

大学物理实验报告学习指导/黄楚云,邓罡主编.—3版.—北京:科学出版社,2022.8
(大学物理信息化教学丛书)
ISBN 978-7-03-072842-5

Ⅰ.①大… Ⅱ.①黄… ②邓… Ⅲ.①物理学-实验-高等学校-教学参考资料 Ⅳ.①O4-33

中国版本图书馆CIP数据核字(2022)第144930号

责任编辑:吉正霞　曾　莉/责任校对:高　嵘
责任印制:赵　博/封面设计:苏　波

科学出版社 出版
北京东黄城根北街16号
邮政编码:100717
http://www.sciencep.com

北京凌奇印刷有限责任公司 印刷
科学出版社发行　各地新华书店经销

*

开本:787×1092　1/16
2022年8月第 三 版　印张:7 1/2
2024年2月第三次印刷　字数:178 000
定价:30.00元
(如有印装质量问题,我社负责调换)

前言 Foreword

根据教育部高等学校物理学与天文学教学指导委员会编制的《理工科类大学物理实验课程教学基本要求》（2010年版），结合理工科高等学校的专业设置特点和一般物理实验室设备仪器的实际情况，对《大学物理实验报告学习指导》（第二版）进行了补充和完善，全书内容包括力学、热学、电磁学、光学、声学以及近代物理实验的常开实验项目，与《大学物理实验教程（第三版）》（黄楚云、徐国旺主编，科学出版社2022年8月出版）（以下简称教材）配套使用。

实验报告是实验教学中必不可少的一个重要环节，编者在多年教学实践中发现，学生对实验的课前预习大多是不动脑筋地抄写课本，预习没有起到预期效果。在实验完成后，学生对如何完成一个合格的实验报告的步骤和意义缺乏了解。我们编写此书就是为了解决上述弊端。一方面，通过专门设计的预习问题代替抄书照搬，帮助学生有效地完成实验课程的预习。另一方面通过标准化的实验报告模板既减少学生完成报告的工作量，也可以让学生在完成本课程后自然地学会如何去设计其他实践类课程的实验报告。

本次改版保持了前版的优点，实用性强。学生在做实验之前，需先完成该实验的预习问题。在实验室完成实验时，需按要求在书上记录实验数据。完成实验后，需要按要求完成数据计算、分析和误差处理并回答指定的问题。最终完成整个实验报告。验收考核时，每项实验成绩可包括预习成绩、操作成绩、报告成绩三项，环环相扣，保证实验教学质量。

本次改版除了保持了上述优点，还进行了较大的改进。首先，对本书进行了数字化改造，在书中插入了二维码，学生通过扫码即可访问相应图片、视频或文档，获得完成实验报告所需的帮助和提示。其次，对多年来在实践教学中发现的前版中不完善、不严谨的地方进行了修改。此外，还加入了很多新实验的报告和学习指导。

本书由黄楚云、邓罡担任主编，闵锐、徐国旺、贺华、甘路担任副主编，江铭波、徐斌、王健雄、裴玲、欧艺文、杨昕、李文兵、李嘉、杨涛参与编写，胡妮、吕桦等同志对书稿进行了梳理和校正，在此表示感谢。本书的出版获得湖北省和湖北工业大学的多项教研项目支持。

由于编者水平有限，且时间仓促，书中疏漏和不足在所难免，诚望同仁和读者批评指正。编者也衷心感谢本书之前版本的使用者对本书提出的宝贵意见和建议。

编　者
2021年9月

目 录 Contents

实验一　液体表面张力系数的测量 ··· 1
　【实验目的】 ··· 1
　【实验仪器】 ··· 1
　【实验原理及预习问题】 ··· 1
　【实验内容】 ··· 2
　【数据记录及数据处理】 ··· 2

实验二　理想气体定律实验 ··· 5
　【实验目的】 ··· 5
　【实验原理及预习问题】 ··· 5
　【数据记录及数据处理】 ··· 6

实验三　电桥法测电阻 ··· 9
　【实验目的】 ··· 9
　【实验仪器】 ··· 9
　【实验原理及预习问题】 ··· 9
　【实验内容及数据记录】 ··· 11
　【课后问题与思考】 ··· 11

实验四　毕萨仪测磁场 ··· 13
　【实验目的】 ··· 13
　【实验仪器】 ··· 13
　【安全注意事项】 ··· 13
　【实验原理及预习问题】 ··· 13
　【实验内容及数据处理】 ··· 14
　【实验小结与体会】 ··· 17

实验五　PN 结温度传感器的研究 ··· 19
　【实验目的】 ··· 19
　【实验仪器】 ··· 19
　【安全注意事项】 ··· 19
　【实验原理及预习问题】 ··· 20

【数据记录及数据处理】 ··· 21
　　【课后问题与思考】 ··· 22

实验六　薄透镜焦距的测量 ··· 25
　　【实验目的】 ·· 25
　　【实验仪器】 ·· 25
　　【实验原理及预习问题】 ·· 25
　　【实验内容及数据处理】 ·· 27
　　【实验小结与体会】 ··· 28

实验七　分光计的结构与调整 ·· 31
　　【实验目的】 ·· 31
　　【实验仪器】 ·· 31
　　【实验原理及预习问题】 ·· 31
　　【实验内容及数据处理】 ·· 33
　　【实验小结与体会】 ··· 34

实验八　分光计测量三棱镜的折射率 ··· 37
　　【实验目的】 ·· 37
　　【实验仪器】 ·· 37
　　【实验原理及预习问题】 ·· 37
　　【实验内容及数据处理】 ·· 39
　　【实验小结与体会】 ··· 40

实验九　杨氏模量的测量 ·· 43
　　【实验目的】 ·· 43
　　【实验仪器】 ·· 43
　　【实验原理及预习问题】 ·· 43
　　【实验内容及数据处理】 ·· 45
　　【实验小结与体会】 ··· 47

实验十　超声波在空气中的传播 ·· 49
　　【实验目的】 ·· 49
　　【实验仪器】 ·· 49
　　【实验原理及预习问题】 ·· 49
　　【实验内容及数据处理】 ·· 51
　　【实验小结与体会】 ··· 52

实验十一　多普勒效应综合实验······55
【实验目的】······55
【实验仪器】······55
【安全注意事项】······55
【实验原理及预习问题】······55
【数据记录及数据处理】······56
【课后问题与思考】······58

实验十二　基于冷却法的金属比热容测量······61
【实验目的】······61
【实验仪器】······61
【安全注意事项】······61
【实验原理及预习问题】······61
【数据记录及数据处理】······62

实验十三　电位差计的校准和使用······65
【实验目的】······65
【实验仪器】······65
【安全注意事项】······65
【实验原理及预习问题】······66
【实验内容】······68
【课后问题与思考】······69
【实验小结与体会】······71

实验十四　静电场的模拟······73
【实验目的】······73
【实验仪器】······73
【安全注意事项】······73
【实验原理及预习问题】······73
【数据记录】······76
【数据处理】······78
【课后问题与思考】······79

实验十五　用双棱镜测量光波的波长······81
【实验目的】······81
【实验仪器】······81
【实验原理及预习问题】······81
【数据记录及数据处理】······83
【课后问题与思考】······84

实验十六　用牛顿环测量透镜的曲率半径 ······ 87
　【实验目的】 ······ 87
　【实验仪器】 ······ 87
　【安全注意事项】 ······ 87
　【实验原理及预习问题】 ······ 88
　【数据记录及数据处理】 ······ 90
　【课后问题与思考】 ······ 91

实验十七　迈克耳孙干涉仪的调整和使用 ······ 93
　【实验目的】 ······ 93
　【实验仪器】 ······ 93
　【实验原理及预习问题】 ······ 93
　【实验内容及数据记录】 ······ 94
　【数据处理】 ······ 94
　【课后问题与思考】 ······ 95

实验十八　用单缝衍射测量光波波长 ······ 97
　【实验目的】 ······ 97
　【实验仪器】 ······ 97
　【安全注意事项】 ······ 97
　【实验原理及预习问题】 ······ 98
　【数据记录及数据处理】 ······ 99
　【课后问题与思考】 ······ 100

实验十九　弗兰克-赫兹实验 ······ 103
　【实验目的】 ······ 103
　【实验仪器】 ······ 103
　【实验原理及预习问题】 ······ 103
　【实验内容及数据处理】 ······ 104
　【实验小结与体会】 ······ 105

实验二十　电表改装与校准 ······ 107
　【实验目的】 ······ 107
　【实验仪器】 ······ 107
　【安全注意事项】 ······ 107
　【实验原理及预习问题】 ······ 107
　【实验内容】 ······ 109
　【数据处理】 ······ 110
　【课后问题与思考】 ······ 111

实验一 液体表面张力系数的测量

学号：_____   姓名：_____

班级：_____   实验序号：_____

时间：第____周   星期____第____节课

联系方式：_____   指导老师：_____

【实验目的】

（1）掌握焦利秤测量微小力的原理和方法。
（2）了解液体表面的性质，测定液体表面张力系数。

【实验仪器】

焦利秤、金属框、砝码、烧杯、水、游标卡尺、螺旋测微器、镊子。

【实验原理及预习问题】

本实验采用拉脱法测量液体表面张力系数，理解拉脱法的基本方法和原理。
实验中的几个注意事项：
（1）本实验用到的弹簧弹性系数很小，不能挂重物，更不允许用手拉。
（2）拉水膜时动作要轻，注意**时刻保持三线对齐**，保证水膜破裂时三线对齐。
（3）注意读数时刻，严格按照教材图 3-1-4 中三个示意图和对应位置读数，不然很容易出错。
（4）在读数和处理实验数据的时候，注意单位与表格中的单位是否一致，**一定要统一单位**。
完成本次实验的关键：拉水膜（尽可能拉出最大水膜，动作过大会导致水膜提前破裂）和准确把握读数时刻。
实验前思考以下问题：
（1）三线对齐中的三线指的是哪三条线？为什么要时刻保持三线对齐？

（2）影响液体表面张力系数的因素有哪些？

（3）在测量弹簧弹性系数时，逐次增加砝码后，为什么还要逐次取出砝码并读数？

【实验内容】

（1）记录教材表 3-1-1 中第 1、2 两列和本书表 1-2 中第 1、2 两列。
（2）测量水膜高度 h、厚度 d 和宽度 l。

【数据记录及数据处理】

表 1-1　弹簧弹性系数 K 的测定

砝码质量 /(10^{-3} kg)	增重位置 L_i /(10^{-3} m)	减重位置 L_i' /(10^{-3} m)	平均位置 $\bar{L}_i$ /(10^{-3} m)	伸长值 $\bar{L}_{n+3} - \bar{L}_n$ /(10^{-3} m)	$K_n = \dfrac{3\varDelta \times 10^{-3} \times 9.8}{\bar{L}_{n+3} - \bar{L}_n}$ /(N/m)	误差 /(N/m)
0						
$\varDelta$						
$2\varDelta$						
$3\varDelta$						
$4\varDelta$						
$5\varDelta$						
平均值						

注：$\varDelta$ 为单个砝码质量

表 1-2　拉破水膜时弹簧的伸长量　　　　　　　　　　（单位：10^{-3} m）

次数	l_1	l_2	$|l_2-l_1|$	误差
1				
2				
3				
4				
5				
平均值				

注：l 为金属丝长度，d 为金属丝直径，水膜高度 h 的单位均为 10^{-3} m。

处理好表格后按照教材中式（3-1-4）和式（3-1-5）详细计算液体表面张力系数的大小、误差（误差分析见教材第 1 章）。

教师评语

评分

批改教师签名：

日期：

实验二　理想气体定律实验

学号：_____　　姓名：_____
班级：_____　　实验序号：_____
时间：第_____周　　星期_____第_____节课
联系方式：_____　　指导老师：_____

【实验目的】

（1）理解热力学过程中的变化状态及基本物理规律。
（2）验证理想气体状态方程。
（3）学会定量测量理想气体物质的量。

【实验原理及预习问题】

（1）什么样的气体可以看成理想气体？

（2）结合理想气体状态方程，画出等压过程、等体过程和等温过程的 P-V 图。

【数据记录及数据处理】

表 2-1　等温过程数据表

体积	压强 / kPa					
	1	2	3	4	5	平均值
V_1（40 ml）						
V_2（20 ml）						

等温过程中，P 与 V 成反比，即 $P_1V_1=P_2V_2$。计算体积分别为 40 ml 和 20 ml 两个状态下体积与压强的乘积，并判断是否相等。若不相等，详细解释其原因。

其中一个原因是始末体积不包括气体导管体积，因此上式应修正为 $P_1(V_1+V_0)=P_2(V_2+V_0)$。利用表 2-1 中的测量值，即可计算导管体积 V_0。

表 2-2　变温过程数据表

体积/ml	1		2		3		4		平均值	
	$T/℃$	P/kPa	$T/℃$	P/kPa	$T/℃$	P/kPa	$T/℃$	P/kPa	$T/℃$	P/kPa
$40+V_0$										
$20+V_0$										

用表 2-2 中的数据计算 $C_1=\dfrac{P_1V_1}{T_1}$ 和 $C_2=\dfrac{P_2V_2}{T_2}$，比较它们的值是否相等。若不相等，计算其误差。

表 2-3　柱塞初始位置为 60 ml

V/ml	P/kPa	$t/℃$	T/K	T/P
60				
55				
50				
45				
40				
35				

表 2-4 柱塞初始位置为 80 ml

V/ml	P/kPa	t/℃	T/K	T/P
80				
75				
70				
65				
60				
55				

（1）以 T/P 为横轴、V 为纵轴建立直角坐标系。

（2）根据表 2-3 和表 2-4 的数据在同一坐标系中描点，分别把同一表格的点连成直线，通过数学方法得到两条直线的斜率 K（即 nR）和截距 b。

（3）再次计算导管体积 V_0。先由上面得到的斜率 K 和表 2-3 中体积为 60 ml 时的温度和压强值，计算初始体积 $V=kT/P$，该体积含气体导管体积，因此导管体积 $V_0=V-60$。

（4）根据理论推导，直线与横轴的截距 b 也是气体导管体积 V_0，与前面两次计算的 V_0 比较。

（5）由公式 $n=K/R$，分别计算初始位置为 60 ml 和 80 ml 时针管内气体的物质的量。

教师评语

评分

批改教师签名：

日期：

实验三　电桥法测电阻

学号：_____　　　姓名：_____

班级：_____　　　实验序号：_____

时间：第_____周　　　星期_____第_____节课

联系方式：_____　指导老师：_____

【实验目的】

（1）了解惠斯通（Wheatstone）电桥的原理及特性。
（2）掌握正确使用电桥测量电阻的方法。
（3）了解线式电桥中校正系统误差的互易测量法。

【实验仪器】

直流稳压电源、滑线式电桥、电阻箱、滑动变阻器、指针式检流计、开关、导线和几种不同规格的待测电阻。

【实验原理及预习问题】

（1）采用什么方法可以消除滑线磨损导致的比例臂误差？为什么此方法能消除比例臂误差的影响？

（2）当接通电源时，检流计指针始终不偏转或总是向一边偏转，电路可能存在什么故障？

（3）在电桥平衡或灵敏电流计短路这两种情况下，灵敏电流计中的电流都为零。如何区分这两种情况？

（4）当电桥平衡时，若互换电源与检流计的位置，电桥是否仍然平衡？试证明之。

（5）电桥灵敏度与哪些因素有关？电桥灵敏度是否越高越好？为什么？

（6）为什么电桥上的按键D开关要采用碰触法？

【实验内容及数据记录】

注意 原始数据记录不得用铅笔填写，不得大量涂改。

在表格中记录 l_1、l_2、R_0、R_0' 的测量结果。（开始实验前，将实验室提供的两个待测电阻标准值 R_{x1} 和 R_{x2} 填入表中，并计算两个待测电阻串联后的电阻值 R_{xC} 和并联后的电阻值 R_{xB}，也填入表中。）

表 3-1　滑线式电桥实验数据

R_x 标准值/Ω	l_1/cm	R/Ω	R_0/Ω	R_0'/Ω	$R_x = \sqrt{R_0 R_0'}$ 测量值/Ω	相对误差 $\dfrac{\Delta R_x}{R_x}$
$R_{x1}=$						
$R_{x2}=$						
$R_{xC}=$						
$R_{xB}=$						

计算 $R_x = \sqrt{R_0 R_0'}$ 测量值及相对误差 $\dfrac{\Delta R_x}{R_x}$，并将结果填入表中。

【课后问题与思考】

（1）你对本次实验体会最深的是什么？

（2）测量电阻还有哪些其他方法？

教师评语

评分

批改教师签名：

日期：

实验四 毕萨仪测磁场

学号：_____   姓名：_____

班级：_____   实验序号：_____

时间：第_____周   星期_____第_____节课

联系方式：_____   指导老师：_____

【实验目的】

学生完成本实验后应具备以下能力：
（1）描述磁场测量方法的能力。
（2）调整测量仪器及完成实验的动手能力。
（3）简单的数据处理与分析能力。

【实验仪器】

毕奥-萨伐尔（Biot-Savart）实验仪（简称毕萨仪）、电流源、磁感应强度探测器、待测圆环、待测直导线、导轨、支架组。

【安全注意事项】

（1）安全使用电源插座等，防止触电。
（2）防止电流源产生过大电流。
（3）实验前检查，实验后复原。

【实验原理及预习问题】

（1）如何测量待测导体与磁感应强度探测器探头的距离？

（2）推导长直导线磁场和环电流中轴线磁场的公式，并分别作图说明其磁场方向。

（3）实验中如何避免地磁场的干扰？

【实验内容及数据处理】

1. 测量长直导体激发的磁场

（1）测量长直导体激发的磁场 B 与电流 I 的关系。

将长直导线插入支座，毕萨仪测量方向切换为垂直方向，拉远探头并调零，再使探头与长直导体距离接近于 0。从 0 开始，逐渐增加电流强度 I，每次增加 1 A，直至 8 A。逐次测量磁感应强度 B，并记录数据。

表 4-1　磁感应强度 B 与电流 I 的关系

I/A	0	1	2	3	4	5	6	7	8
B/mT									

作 B-I 的线性相关图，作为图 4-1 粘贴至图形区，算出斜率与截距（$B=K_1I+b_1$）：

$K_1=$ _____ mT/A　　　　$b_1=$ _____ mT

（2）测量长直导体激发的磁场 B 与距离 S 的关系。

调整 I 为 8 A，逐步单向移动探头，改变距离 S，逐次测量磁感应强度 B，并记录数据。

表 4-2　磁感应强度 B 与距离 S 的关系

S/mm	0	10	20	30	50	70	100
B/mT							

作 $1/B\text{-}S$ 的线性相关图，作为图 4-2 粘贴至图形区，算出斜率与截距（$1/B=K_2S+b_2$）：

$K_2=$_____（mT·m）$^{-1}$　　　　$b_2=$_____mT^{-1}

2. 测量不同圆形导体环路激发的磁场

将长直导体换为半径 $R=20$ mm 的圆环导体，毕萨仪测量方向切换为水平方向，拉远探头并调零。令 $I=8$ A，逐步向右和向左调节探头位置至导体环中心的距离，测量磁感应强度 B，并记录数据。

将半径 20 mm 的导体环分别替换为半径 40 mm 和 60 mm 的导体环，重复上述步骤。

表 4-3　半径 20 mm、40 mm、60 mm 的导体环激发的磁场

S/mm	B/mT（R=20 mm）	B/mT（R=40mm）	B/mT（R=60mm）
−100			
−70			
−40			
−20			
−10			
0			
10			
20			
40			
70			
100			

作曲线图，粘贴至图形区。

拟合图形打印粘贴区

请将数据拟合得到的曲线图形打印后粘贴在本区域。

注意 （1）整个图像不得超出方框范围，建议先将拟合图像导出插入 Word 文档并调整大小合适后再打印，然后裁剪粘贴至本页。

（2）图片建议使用 Excel 或 Origin 等软件获得后导出，这样图片质量效果较好；直接截图获得的图片效果可能不太好。

（3）坐标轴需按要求标注。

【实验小结与体会】

（1）如果用本实验数据计算真空磁导率，有哪些因素可能导致其产生误差？

（2）根据地磁场的方向性，能否通过毕萨仪测出地磁场的大小及方向？如果能，试画简图说明。

（3）如何通过毕萨仪评估手机辐射的大小，如判断手机通话与安静状态下辐射的差异？

毕萨仪测磁场
实验示意图

教师评语

评分

批改教师签名：
日期：

实验五　PN结温度传感器的研究

学号：_____　　　姓名：_____

班级：_____　　　实验序号：_____

时间：第____周　　　星期____第____节课

联系方式：_____　　指导老师：_____

【实验目的】

学生完成本实验后应具备以下能力：
（1）了解PN结正向压降随温度变化的基本关系式。
（2）在恒定正向电流条件下，绘制PN结正向压降随温度变化的曲线，并由此确定其灵敏度及被测PN结材料的禁带宽度。
（3）学习使用PN结测温的方法。
（4）设计判断半导体材料是否适合做传感器的实验方案。
（5）分析半导体材料做传感器的适宜温度范围，并提出理论依据及实验方案。
（6）正确连接电学实验线路、分析线路，以及排除实验故障的能力。
（7）用科学的方法分析与处理实验数据的能力。

学生完成本实验的情感目标如下：
（1）学会独立解决问题的能力。
（2）形成良好的合作学习氛围。
（3）养成细致观察实验的习惯。
（4）学会自主进行拓展性思考。

【实验仪器】

PN结温度传感器实验仪。

【安全注意事项】

（1）PN结温度传感器是有极性的，有正负之分，注意正确使用电源插座，插线正确。
（2）PN结温度传感器在常温区（-50～200 ℃）使用温度范围的选取应按实际需要

来确定。

（3）在测量前，先打开电源预热几分钟，然后再测量。在整个实验过程中，升温速率要慢。

【实验原理及预习问题】

（1）简要说明 PN 结的形成。

（2）说明 PN 结温度传感器的优点和缺点。

（3）本实验验证了什么结论？

（4）测量时，为什么温度必须在-50～150 ℃范围内？

（5）说明 PN 结温度传感器的基本原理及在其他方面的应用。

【数据记录及数据处理】

注意 原始数据记录不得用铅笔填写，不得大量涂改。

1. 实验数据

表 5-1　$\Delta V\text{-}T$ 实验曲线（升温过程）

实验起始温度 $T_0=$＿＿＿＿℃　　　　　工作电流 $I_F=50\ \mu A$

正向压降 $V_F=$＿＿＿＿mV　　　　　　控温电流＿＿＿＿A

ΔV/mV	-10	-20	-30	-40	-50	-60	-70	-80	-90	-100
T/℃										

2. 实验曲线图

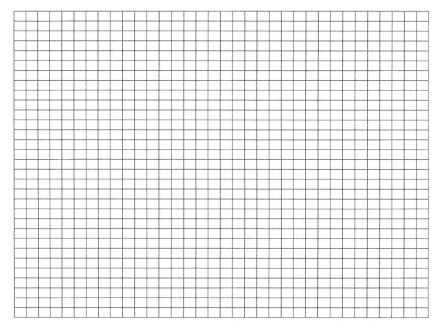

图 5-1 坐标纸供绘图

计算过程：

$$S_1 = \frac{\Delta V_1}{\Delta T_1} = S_2 = \frac{\Delta V_2}{\Delta T_2} = S_3 = \frac{\Delta V_3}{\Delta T_3} = \underline{\qquad}$$

$$S_4 = \frac{\Delta V_4}{\Delta T_4} = S_5 = \frac{\Delta V_5}{\Delta T_5} = S_6 = \frac{\Delta V_6}{\Delta T_6} = \underline{\qquad}$$

灵敏度：

$$\overline{S} = \frac{\sum_{i=1}^{6} S_i}{6} = \underline{\qquad} \text{mV/℃}$$

【课后问题与思考】

（1）从 ΔV-T 曲线中得到 PN 结正向压降与温度变化的关系是什么？

（2）为什么要测量 $V_F(0)$ 或 $V_F(T_R)$？

（3）分析测温电路中的误差来源。

（4）除实验中提到的影响 PN 结温度传感器的因素外，还有什么会对其测量产生影响？

教师评语

评分

批改教师签名:
日期:

实验六　薄透镜焦距的测量

学号：_____　　　姓名：_____

班级：_____　　　实验序号：_____

时间：第_____周　　　星期_____第_____节课

联系方式：_____　　　指导老师：_____

【实验目的】

学生完成本实验后应具备以下能力：
(1) 描述测量薄透镜焦距方法的能力。
(2) 手动调整光路及完成成像实验的能力。
(3) 进行简单的数据处理及误差分析的能力。

【实验仪器】

导轨、物屏、像屏、透镜组等。

【实验原理及预习问题】

(1) 测量薄透镜焦距有哪些方法？

（2）推导二次成像法焦距公式并作光路图。

（3）什么是左右逼近法读数？为什么要采用这种方法读数？

（4）画出凹透镜借助凸透镜成像光路图。这种测量凹透镜焦距的方法选择在凹透镜插入凸透镜成小像时，为什么？

【实验内容及数据处理】

1. 物距像距法测量凸透镜焦距

记录物屏和像屏位置,透镜位置采用左右逼近法读数,不同的放大像测 2 次,不同的缩小像测 2 次,2 次取不同物距。

表 6-1 物距像距法测量凸透镜焦距 （单位:cm）

像	物屏位置	像屏位置	凸透镜位置		物距 u	像距 v	焦距 f
			左逼近	右逼近			
放大像 ($u<v$)							
缩小像 ($u>v$)							

实验结果:

$$f = \bar{f} \pm \sigma_f = \underline{\qquad} \text{cm}$$

2. 二次成像法测量凸透镜焦距

使物屏与像屏的距离大于 4 倍焦距,采用这种方法测 5 次,5 次物屏和像屏的位置改变,但保持其距离几乎不变,透镜位置仍然采用左右逼近法读数。

表 6-2 二次成像法测量凸透镜焦距 （单位:cm）

次数	物屏位置	像屏位置	凸透镜位置（大像）	凸透镜位置（小像）	两次成像的凸透镜间距 d	物像间距 L	焦距 f
1							
2							
3							
4							
5							

实验结果:

$$f = \bar{f} \pm \sigma_f = \underline{\qquad} \text{cm}$$

3. 物距像距法测量凹透镜焦距

先让凸透镜成小像，记录此时像屏的成像左右逼近读数，然后插入凹透镜，调整像屏与凹透镜位置成像，记录新成像的位置，同时记录凹透镜的位置，确定物距和像距，重复3次。

表 6-3　物距像距法测量凹透镜焦距　　　　　　　　　　（单位：cm）

次数	仅凸透镜成像时小像的位置（物）	插入凹透镜后的成像位置（像）	凹透镜的位置（镜）	物距 u	像距 v	焦距 f
1						
2						
3						

实验结果：

$$f = \overline{f} \pm \sigma_f = \underline{\qquad\qquad} \text{cm}$$

提示　最后结果表述要注意正确使用有效数字和小数位数。

【实验小结与体会】

（1）物距不同时，像的清晰区范围是否相同？

（2）你能否再设计一种测量薄透镜焦距的方法？

（3）实验中会引起误差的主要因素有哪些？

透镜成像演示

教师评语

评分

批改教师签名:
日期:

实验七 分光计的结构与调整

学号：_____   姓名：_____
班级：_____   实验序号：_____
时间：第____周   星期____第____节课
联系方式：_____ 指导老师：_____

【实验目的】

（1）了解分光计的结构及工作原理。
（2）熟悉分光计的调整要求，掌握分光计的调整方法。
（3）了解分光计的读数方法。

【实验仪器】

分光计、钠光灯、平面反射镜等。

【实验原理及预习问题】

（1）试简述分光计的各个结构部件及其功用。

（2）分光计的调整要求是调节三个"垂直"，这三个"垂直"分别具体指什么？是如何实现的？

（3）在调节的过程中，每一步都要求调节特定的螺丝，请分别画出示意图，标示出每一步中可调节的螺丝和不可调节的螺丝。

（4）平面镜的摆放要求是什么？为什么要这样摆放平面镜？

分光计的结构与调整

（5）减半逼近法是分光计调整的一个基本方法，请叙述其步骤，并以图示意。

【实验内容及数据处理】

（1）画出分光计调整全过程的流程图，并叙述自己在哪些环节中遇到了问题？你是如何处理解决的？

（2）目视粗调是调节找到小十字光标的一个重要步骤，在操作过程中，你是如何理解这一步的？

【实验小结与体会】

（1）减半逼近法是分光计调整中的一个基本方法，为什么要采用这种方法调节？这样调节的好处是什么？

（2）分光计是一种用来测量光线偏转角度的仪器，在读取角度的时候，为什么左右两个游标都必须读数？

（3）假设望远镜的光轴已经垂直于分光计的中心转轴，而平面反射镜面与中心转轴之间有一个角度 α，则此时反射回去的小十字像和平面镜转过 180° 后反射回去的小十字像的位置是怎样的？应该如何调节？试画出光路图并分析。

教师评语

评分

批改教师签名：
日期：

实验八　分光计测量三棱镜的折射率

学号：_____　　姓名：_____

班级：_____　　实验序号：_____

时间：第____周　　星期____第____节课

联系方式：_____　　指导老师：_____

【实验目的】

（1）进一步熟悉分光计的调整与使用方法。
（2）测量三棱镜对空气的相对折射率。

【实验仪器】

分光计、钠光灯、平行平面反射镜、三棱镜等。

注意　（1）不能用手触及三棱镜和平面镜的光学表面，只能用手拿非光学面，即磨砂面。

（2）光学元件要轻拿轻放，防止三棱镜和平面镜碰撞或从载物台上摔落，导致元件破损。平行平面反射镜和三棱镜损坏一个赔偿 30 元。

（3）在调节分光计的过程中，用力要轻，动作要慢，不得随意旋转或拨动，以免造成仪器的严重磨损。

（4）实验完成后，将仪器整理好，三棱镜和平面镜归还原处。

【实验原理及预习问题】

（1）在教材《实验七　分光计的结构与调整》中，介绍了分光计的读数方法。请仔细阅读，写下你对读数方法的理解和注意事项。

用分光计测量三棱镜的折射率

（2）本实验是根据折射定律，使用分光计测量光线的偏转角度来求折射率。请以绘图加文字的形式，写出关于折射率和折射定律的定义及其相关内容。

（3）如何测定三棱镜的顶角？叙述实验原理及其公式的推导，并以图示意。

（4）仔细阅读教材上测量最小偏向角法的实验方法，叙述其原理和步骤，并以图示意。

（5）简述等顶角入射法的实验方法。

【实验内容及数据处理】

1. 最小偏向角法

表 8-1 反射法测量三棱镜顶角

分光计分度值 $\sigma_{仪}$ = _____   光波波长 λ = _____

测量次数	AB 面反射线		AC 面反射线		$\varphi = \|\varphi_2 - \varphi_1\|$	$\varphi' = \|\varphi_2' - \varphi_1'\|$	$\overline{\varphi} - \varphi$	$\overline{\varphi'} - \varphi'$
	φ_1	φ_1'	φ_2	φ_2'				
1								
2								
3								
4								
5								

实验结果：

$$\overline{\alpha} = \frac{1}{4}(\overline{\varphi} + \overline{\varphi'}) = \underline{\qquad}$$

$$\sigma_{\overline{\alpha}} = \sqrt{\left(\frac{\partial \alpha}{\partial \varphi}\sigma_{\overline{\varphi}}\right)^2 + \left(\frac{\partial \alpha}{\partial \varphi'}\sigma_{\overline{\varphi'}}\right)^2} = \underline{\qquad}$$

$$\alpha = \bar{\alpha} \pm \sigma_{\bar{\alpha}} = \underline{\qquad}$$

2. 测最小偏向角

表 8-2　测最小偏向角

测量次数	入射光线 θ_1		折射光线 θ_2		$\theta = \|\theta_2 - \theta_1\|$	$\theta' = \|\theta_2' - \theta_1'\|$	$\bar{\theta} - \theta$	$\bar{\theta}' - \theta'$
	θ_1	θ_1'	θ_2	θ_2'				
1								
2								
3								
4								
5								
平均值					$\bar{\theta} =$	$\bar{\theta}' =$	$\sigma_{\bar{\theta}}$	$\sigma_{\bar{\theta}'}$

实验结果：

$$\bar{\delta}_{\min} = \frac{\bar{\theta} + \bar{\theta}'}{2} = \underline{\qquad}$$

$$\delta_{\min} = \bar{\delta}_{\min} \pm \sigma_{\bar{\delta}_{\min}} = \underline{\qquad}$$

$$\bar{n} = \frac{\sin \dfrac{\bar{\delta}_{\min} + \bar{\alpha}}{2}}{\sin \dfrac{\bar{\alpha}}{2}} = \underline{\qquad}$$

$$\sigma_n = \sqrt{\left(\frac{\partial n}{\partial \alpha}\sigma_{\bar{\alpha}}\right)^2 + \left(\frac{\partial n}{\partial \delta_{\min}}\sigma_{\bar{\delta}_{\min}}\right)^2} = \underline{\qquad}$$

$$n = \bar{n} \pm \sigma_{\bar{n}} = \underline{\qquad}$$

【实验小结与体会】

（1）测量三棱镜的最小偏向角时，若分光计没有调整好，对测量结果有无影响？

(2) 用反射法测三棱镜顶角时，为什么要使三棱镜顶角置于载物平台中心附近？试画出光路图，并分析其原因。

(3) 用最小偏向角法测折射率时，入射角为什么从 90° 开始，由大到小变化？若入射角很小，会出现什么现象？

教师评语

评分

批改教师签名:
日期:

实验九　杨氏模量的测量

学号：_____　　　姓名：_____

班级：_____　　　实验序号：_____

时间：第_____周　　　星期_____第_____节课

联系方式：_____　指导老师：_____

【实验目的】

（1）学会用拉伸法测定杨氏（Young）模量。
（2）掌握用光杠杆装置测微小长度变化的原理和方法。
（3）用逐差法处理实验数据。

【实验仪器】

杨氏模量测定仪（包括钢丝、光杠杆、砝码、镜尺组）、卷尺、螺旋测微器。

【实验原理及预习问题】

（1）试叙述光杠杆测微小长度变化的原理和方法。

（2）若望远镜只能看到平面镜而不能看到标尺像，有哪几种可能？

（3）光杠杆垂线 b 如何测量？

（4）理论分析改变哪些量可增加光杠杆放大倍数。

（5）实验中，金属丝的拉伸在弹性限度内，若金属丝负重按比例增加，而 Δn 不按比例增加，试分析可能的原因。

【实验内容及数据处理】

1. 用逐差法处理数据

(1) 去掉 n_6 和 n_6',将同一负荷下标尺读数的平均值 $\overline{n_i}$ 分成两组,一组为 $\overline{n_0}$、$\overline{n_1}$、$\overline{n_2}$,另一组为 $\overline{n_3}$、$\overline{n_4}$、$\overline{n_5}$,计算出 Δm 为 3 kg 时,标尺读数变化的平均值

$$\Delta \overline{n} = \frac{\left(\overline{n_3} - \overline{n_0}\right) + \left(\overline{n_4} - \overline{n_1}\right) + \left(\overline{n_5} - \overline{n_2}\right)}{3}$$

表 9-1 负载和标尺读数的变化

次数 i	加载质量 /kg	标尺读数/(10^{-2} m) 增重 n_i	标尺读数/(10^{-2} m) 减重 n_i'	同一负荷下读数的平均值 $\overline{n_i} = (n_i + n_i')/2$ /(10^{-2} m)	负荷增量为 3 kg 时 $\Delta n = \overline{n_{i+3}} - \overline{n_i}$ /(10^{-2} m)	Δn 的误差 /(10^{-2} m)
0	3.0+0.0					
1	3.0+1.0					
2	3.0+2.0					
3	3.0+3.0					
4	3.0+4.0					
5	3.0+5.0					
6	3.0+6.0					
	平均值					

表 9-2 用钢卷尺测量两夹头之间金属丝的长度 L

测量次数 i	1	2	3	4	5	平均值
L/(10^{-2} m)						
ΔL/(10^{-2} m)						

表 9-3　用钢卷尺测量平面镜到标尺的垂直距离 D

测量次数 i	1	2	3	4	5	平均值
$D/(10^{-2}\ m)$						
$\Delta D/(10^{-2}\ m)$						

表 9-4　用游标卡尺测量光杠杆的垂线 b

测量次数 i	1	2	3	4	5	平均值
$b/(10^{-3}\ m)$						
$\Delta b/(10^{-3}\ m)$						

表 9-5　用螺旋测微器测金属丝的直径 d

测量次数 i	1	2	3	4	5	平均值
$d/(10^{-3}\ m)$						
$\Delta d/(10^{-3}\ m)$						

（2）将以上所测值代入公式中，求金属丝杨氏模量。用误差传递公式计算误差，并写出最终的测量结果。

杨氏模量：

$$E = \frac{8FLD}{\pi d^2 b \Delta n} = \underline{\qquad}$$

相对误差：

$$\frac{\Delta E}{E} = \frac{\Delta F}{F} + \frac{\Delta L}{L} + \frac{\Delta D}{D} + 2\frac{\Delta b}{b} + \frac{\Delta(\Delta n)}{\Delta n} = \underline{\qquad}$$

绝对误差：

$$\Delta E = \underline{\qquad}$$

测量结果：

$$E = E \pm \Delta E = \underline{\qquad}$$

2. 用作图法处理数据

式子可改写为

$$\Delta n = \frac{8FLD}{\pi d^2 bE} = KF$$

式中

$$K = \frac{8LD}{\pi d^2 bE}$$

在限定实验条件下，K 为常量。用方格纸作 Δn_i-F_i 曲线，从图中得到直线的斜率 K，可算出杨氏模量

$$E = \frac{8Ld}{\pi d^2 bK}$$

【实验小结与体会】

（1）你对本次实验体会最深的是什么？

（2）材料相同，但粗细、长短不同的两根金属丝，它们的杨氏模量是否相同？

教师评语

评分

批改教师签名：
日期：

实验十　超声波在空气中的传播

学号：_____　　　　姓名：_____

班级：_____　　　　实验序号：_____

时间：第_____周　　　　星期_____第_____节课

联系方式：_____　　指导老师：_____

【实验目的】

（1）学会用驻波法、相位比较法测量空气中的声速。
（2）学习低频信号发生器、示波器的使用。
（3）学会用逐差法进行数据处理。

【实验仪器】

超声声速测量仪、低频信号发生器、示波器、同轴电缆等。

【实验原理及预习问题】

（1）什么是超声波换能器的共振状态？为什么要在换能器的共振状态下测定声波的波长？

（2）为什么在实验过程中改变 L 时，压电晶体换能器 S_1 与 S_2 的表面应保持相互平行？不平行会产生什么问题？

（3）采用逐差法处理数据有什么好处？

（4）用驻波法和相位比较法测声速时，接线方式有何区别？请分别画出其接线示意图。

【实验内容及数据处理】

1. 驻波法测量的线路连接

声速测试仪和低频信号发生器与双踪示波器之间的连接如教材图 4-10-1 所示。

2. 共振频率的设置

共振频率的设置方法参见教材。

3. 驻波法测量波长

（1）在共振频率下，移动 S_2，连续记录振幅最大时声速测定仪上的读数 $L_1, L_2, \cdots$ 共 12 个值。

（2）记下室温 t。

（3）用逐差法处理数据。

4. 用相位比较法（李萨如图形）测量波长

（1）在驻波法线路基础上，将信号源信号接至双踪示波器的另一输入端。

（2）将"扫描时间 T"旋钮旋至"X-Y"，CH1 和 CH2 垂直灵敏度（V）旋钮旋至合适挡位，使李萨如（Lissajous）图形形状便于观察。

（3）移动 S_2，连续记录示波器上波形为斜直线时声速测定仪上的读数 $L_1, L_2, \cdots$ 共 12 个值。

（4）记下室温 t。

（5）用逐差法处理数据。

相位比较法
实物接线图

5. 数据处理

表 10-1 驻波法测声速数据记录表

$t=$ _____ ℃ $v_0 = 331.45$ m/s $f=$ _____

	l_1	l_2	l_3	l_4	l_5	l_6
波幅最大位置 l_i / mm						
	l_7	l_8	l_9	l_{10}	l_{11}	l_{12}
波幅最大位置 l_{i+6} / mm						
$\Delta l_i = l_{i+6} - l_i$ / mm						

实验结果：

$$\Delta \overline{l} = \frac{\sum \Delta l_i}{6} = \underline{\qquad} \qquad \lambda = 2 \times \frac{\overline{\Delta l}}{6} = \underline{\qquad}$$

$$v = f \cdot \lambda = \underline{\qquad} \qquad v_{理论} = v_0\sqrt{1+\dfrac{t}{T_0}} = \underline{\qquad}$$

算出 v 的理论值，上式中 $T_0 = 273.15\,\text{K}$，t 为摄氏温度，最后算出百分误差

$$\Delta v = |v - v_{理论}| = \underline{\qquad}$$

$$E = \dfrac{|\Delta v|}{v_{理论}} \times 100\% = \underline{\qquad}$$

表 10-2　相位法测声速数据记录表

$t = \underline{\qquad}$ ℃ 　　$v_0 = 331.45$ m/s 　　$f = \underline{\qquad}$

相位变化为 π 位置 l_i/mm	l_1	l_2	l_3	l_4	l_5	l_6
相位变化为 π 位置 l_{i+6}/mm	l_7	l_8	l_9	l_{10}	l_{11}	l_{12}
$\Delta l_i = l_{i+6} - l_i$/mm						

实验结果：

$$\Delta\bar{l} = \dfrac{\sum \Delta l_i}{6} = \underline{\qquad} \qquad \lambda = 2 \times \dfrac{\overline{\Delta l}}{6} = \underline{\qquad}$$

$$v = f \cdot \lambda = \underline{\qquad} \qquad v_{理论} = v_0\sqrt{1+\dfrac{t}{T_0}} = \underline{\qquad}$$

$$\Delta v = |v - v_{理论}| = \underline{\qquad}$$

$$E = \dfrac{|\Delta v|}{v_{理论}} \times 100\% = \underline{\qquad}$$

【实验小结与体会】

（1）本实验产生误差的主要原因是什么？

（2）驻波法与相位比较法共振频率设置相同吗？

（3）思考一下，本实验装置有没有可改进的地方，能更加便于操作、提高测量精度。

教师评语

评分

批改教师签名：
日期：

实验十一　多普勒效应综合实验

学号：_____　　　姓名：_____

班级：_____　　　实验序号：_____

时间：第_____周　　　星期_____第_____节课

联系方式：_____　　　指导老师：_____

【实验目的】

学生完成本实验后应具备以下能力：
（1）阐述一维直线运动中多普勒（Doppler）效应的规律。
（2）使用软件对数据进行线性拟合并对拟合结果进行相关分析的能力。
（3）将多普勒效应测速的方法应用到其他物理量的测量。
学生完成本实验的情感目标：团队合作交流能力获得提升。

【实验仪器】

多普勒效应综合仪。

【安全注意事项】

（1）请勿向其他组的同学借用砝码或弹簧等配件，以免影响本组实验结果。
（2）使用弹簧时注意不要将其拉太长，以免弹簧变形或弹伤同学。

【实验原理及预习问题】

（1）当声源相对于介质静止并发出频率为 f_0 的声波，接收器向声源靠近做匀速直线运动时，接收器接收到的声波频率是比 f_0 大、比 f_0 小，还是相等？为什么？若接收器远离声源运动，情况又如何？

（2）声源发出频率为 f_0 的声波，声波相对于介质的速度为 u。情况 1：声源相对于介质静止，接收器向声源靠近做匀速直线运动，速度大小为 v，此时接收器接收到的声波频率是多少？情况 2：接收器相对于介质静止，声源向接收器靠近做匀速直线运动，速度大小为 v，此时接收器接收到的声波频率是多少？两种情况若 f_0 相等且 $u=v$，接收器接收到的频率相同吗？用一句话简要比较两种情况原理的区别。

【数据记录及数据处理】

注意 原始数据记录不得用铅笔填写，不得大量涂改。

1. 多普勒效应的验证与声速的测量

（1）实验数据记录。

表 11-1 多普勒效应的验证与声速的测量

$f_0=$ _____ Hz $t=$ _____ ℃

次数 i							
v_i/(m/s)							
f_i/ Hz							

（2）使用 Excel 或 Origin 等软件对数据进行线性拟合，f 为纵轴，v 为横轴。给出拟合结果（斜率和截距，拟合图形粘贴至图形区）：

$$f=kv+b$$

$k=$ _____ m^{-1}

$b=$ _____ Hz

拟合图形打印粘贴区

请将数据拟合得到的曲线图形打印后粘贴在本区域。

注意 （1）整个图像不得超出方框范围，建议先将拟合图像导出插入 Word 文档并调整大小合适后再打印，然后裁剪粘贴至本页。

（2）坐标轴需按要求标注，显示每个点的坐标，显示拟合得到的函数。

画图要求和范例

(3) 由 k 计算声速，并与声速的理论值比较。

声速理论值：
$$u_0 = 330\sqrt{1+\frac{t}{273}} = \underline{\qquad} \text{ m/s}$$

声速测量值：
$$u = \frac{f_0}{k} = \underline{\qquad} \text{ m/s}$$

测量值与理论值的相对偏离为
$$(u-u_0)\times 100\% = \underline{\qquad} \%$$

2. 水平简谐振动的测量

表 11-2　水平简谐振动的测量

测量数据			数据计算			
测量次数	$N_{1\max}$	$N_{5\max}$	周期 $T=0.02(N_{5\max}-N_{1\max})$ /s	角频率 $2\pi/T$ /(rad/s)	角频率的平均值	角频率的标准偏差
1						
2						
3						
4						
5						

实验结果：

$$\underline{\qquad} = (\underline{\qquad} \pm \underline{\qquad}) \text{ rad/s}$$

提示　最后测量结果表述要注意正确使用有效数字和小数位数。

【课后问题与思考】

（1）多普勒效应的验证与声速的测量实验中，仪器上不显示速度的正负，只显示速度的大小。假设某位同学实验中设置 f_0=40 000 Hz，测量的数据中有一次频率为 39 890 Hz，速度大小为 0.87 m/s，则该次速度的符号应该是正还是负？为什么？

(2)多普勒效应的验证与声速的测量实验中,仪器上不显示速度的正负,只显示速度的大小。假设某位同学实验中设置 f_0=40 000 Hz,测量的数据中有一次频率为 40 050 Hz,速度大小为 0.68 m/s,则该次速度的符号应该是正还是负?为什么?

(3)水平简谐振动的测量实验中,每次将小车拉到不同位置放手对实验最终结果有无明显影响?为什么?

教师评语

评分

批改教师签名:
日期:

实验十二　基于冷却法的金属比热容测量

学号：_____　　　　姓名：_____

班级：_____　　　　实验序号：_____

时间：第_____周　　　　星期_____第_____节课

联系方式：_____　　　指导老师：_____

【实验目的】

学生完成本实验后应具备以下能力：
（1）用 PT100 铂电阻测量物体的温度。
（2）在强制对流冷却的环境下测量铁、铝样品在 100 ℃时的比热容。
（3）在自然冷却的环境下测量铁、铝样品在 100 ℃时的比热容。

【实验仪器】

FD-JSBR-B 型冷却法金属比热容测量实验仪（主要由实验主机、加热器、样品室、风扇、PT100 铂电阻等组成）。

【安全注意事项】

（1）实验前建议先开启加热器预热 20 min 左右。
（2）加热器工作时请保持其周围散热孔的畅通，不要用任何物体遮挡散热孔。
（3）更换样品前须开启风扇对当前样品进行降温，务必等到温度降至 50 ℃以下再动手更换，以免烫伤。
（4）开启风扇制造强制对流冷却的实验环境时，请不要使任何热源靠近进风口，并保持进、出风口的畅通。

【实验原理及预习问题】

（1）什么是比热容？

（2）实验中如何推算被测物体的温度？

（3）实验中为什么采用强制对流冷却？

【数据记录及数据处理】

注意 以下数据仅供实验时参考。

样品质量：M_{Cu}=18.34 g，M_{Fe}=18.07 g，M_{Al}=6.50 g。

1. 在强制对流冷却的环境下测量铁、铝样品在 100 ℃时的比热容

表 12-1　三种样品在强制对流冷却的环境下由 105 ℃降至 95 ℃所需时间表

样品	Δt / s					平均值 $\overline{\Delta t}$ / s
	1	2	3	4	5	
铜						
铁						
铝						

以铜样品为标准：
$$C_1=C_{Cu}=0.39 \text{ J/(g·℃)}$$

计算得铁样品的比热容：
$$C_{Fe} = C_1 \frac{M_1(\Delta t)_2}{M_2(\Delta t)_1} = \underline{\qquad}$$

计算得铝样品的比热容：
$$C_{Al} = C_1 \frac{M_1(\Delta t)_3}{M_3(\Delta t)_1} = \underline{\qquad}$$

2. 在自然冷却的环境下测量铁、铝样品在 100 ℃时的比热容

表 12-2　三种样品在自然冷却的环境下由 105 ℃降至 95 ℃所需时间表

样品	Δt / s					平均值 $\overline{\Delta t}$ / s
	1	2	3	4	5	
铜						
铁						
铝						

以铜样品为标准：
$$C_1=C_{Cu}=0.39 \text{ J/(g·℃)}$$

计算得铁样品的比热容：
$$C_{Fe} = C_1 \frac{M_1(\Delta t)_2}{M_2(\Delta t)_1} = \underline{\qquad}$$

计算得铝样品的比热容：
$$C_{Al} = C_1 \frac{M_1(\Delta t)_3}{M_3(\Delta t)_1} = \underline{\qquad}$$

可见，相比较而言，在强制对流冷却的环境下测量得到的铁、铝样品的比热容更接近于公认值。

教师评语

评分

批改教师签名：
日期：

实验十三　电位差计的校准和使用

学号：_____　　　　姓名：_____

班级：_____　　　　实验序号：_____

时间：第_____周　　　　星期_____第_____节课

联系方式：_____　　指导老师：_____

【实验目的】

（1）掌握电位差计的结构特点及工作原理。
（2）学会使用电位差计测量电源电动势和内阻。
（3）培养学生正确连接电学实验线路、分析电路原理和排除电路故障的能力。

【实验仪器】

稳压电源、十一线电位差计、检流计、滑动变阻器、变阻箱、标准电池（**标准电池不能倒置，不允许从盒子中拿出来**）、待测电池、开关、双刀双掷开关、电阻、导线。

【安全注意事项】

1. 实验中的注意事项

（1）实验中，工作电源的电压必须略大于 $11\dfrac{\Delta u}{\Delta l}$。

（2）接线中，三个电源不能混淆，**正负极不能接反**，两个电阻（滑动变阻器和变阻箱）不能用错，严格按照电路图接线。

（3）校准好电位差计后，工作电源大小和限流滑动变阻器**不能再改变**。

（4）完成校准和测量的时候电阻箱和检流计**必须同时指零**。但是没有完成时，变阻箱**不允许为零**（**不允许提前把变阻箱阻值调至零**）。

上面四个注意事项都是顺利完成实验的必要条件，不能忽略其中任何一个。

2. 实际操作中经常遇到的四种电路故障及其原因

（1）检流计始终不偏转（补偿回路中的某根导线断了或没接好）。

（2）检流计始终往一个方向偏，无论怎么调节都不能指零（注意事项（1）和（2））。

（3）改变滑动变阻器的阻值，检流计指针没反应（主回路中的某根导线断了或没接好）。

（4）扣下 D 按钮检流计就满偏（注意事项（4））。

3. 完成本次实验的关键

（1）搞明白本次实验的主要原理，即补偿原理，什么是补偿，如何实现补偿。

（2）接线路。

（3）确定 $\dfrac{\Delta u}{\Delta l}$ 的三种方法（**在动手做实验前必须完成**）。

① 任意选定 $\dfrac{\Delta u}{\Delta l}$，计算 l_s（l_s 最好不要超出 4～7 m）。

② 任意选定 l_s（l_s 最好不要超出 4～7 m），反过来计算 $\dfrac{\Delta u}{\Delta l}$。

如果采用上述两种方法确定 $\dfrac{\Delta u}{\Delta l}$，在校准电位差计前需将 AB 上两个动点 C 和 D 放在合适的位置（**不能乱放**），保证点 C 与点 D 之间的长度 $l_{CD}=l_s$，再进行电位差计的校准。

4. 变阻箱和检流计同时指零

实验中，操作的时候如何实现变阻箱和检流计**同时指零**（即实现校准和测量时的补偿），详见教材实验十五内容中的第二步和第三步。

【实验原理及预习问题】

（1）为什么电位差计测量的是电池的电动势而不是其端电压？

（2）在用电位差计测量待测电源的电动势大小前，为什么要校准电位差计？该校准与检流计使用前的校准是否相同？如果不同，请说明理由。

（3）补偿电路中的可调电压 Δu 是怎样调节的？

（4）实验中，工作电源的电压为什么必须稍大于 $11\dfrac{\Delta u}{\Delta l}$？

【实验内容】

自行设计数据表格记录数据、计算误差。
（1）干电池电动势测量。
（2）干电池内阻测量。

【课后问题与思考】

（1）在连接线路时，如果三个电源中任何一个电源的正负极接反了会出现什么情况？

（2）在连接好电路后，如果检流计始终往一个方向偏转，无法指零，可能是由哪些原因造成的？如何解决？

（3）如果工作电源的电压取值太小，如 $E=1$ V，能否正常测量本实验提供的待测电源的电动势大小？如果不能，请说明理由。

（4）如果 AB 上单位长度的压降取值太小，如 0.1 V/m，该电位差计能否正常工作？如果不能，请说明理由。

（5）在校准电位差计和使用电位差计测量电源电动势的时候为什么必须使变阻箱和检流计同时指零？

【实验小结与体会】

你对本次实验最真实和深刻的体会是什么？你对本实验有何改进方面的建议和意见？你能否再设计一种测量电源电动势和内阻的方法？

教师评语

评分

批改教师签名：

日期：

实验十四　静电场的模拟

学号：_____　　姓名：_____

班级：_____　　实验序号：_____

时间：第_____周　　星期_____第_____节课

联系方式：_____　　指导老师：_____

【实验目的】

学生完成本实验后应具备以下能力：
（1）描述静电场和稳恒电流场的概念的能力。
（2）使用稳恒电流场模拟描绘静电场分布的能力。
（3）阐述应用稳恒电流场来模拟描绘静电场的原理的能力。
（4）用科学的方法分析、处理实验数据的能力。
学生完成本实验的情感目标如下：
（1）培养实事求是，认真、严谨的学习态度。
（2）提升物理思维方法论在实践中应用的能力。

【实验仪器】

GCJDM-A 静电场描绘实验仪。

【安全注意事项】

正确使用导轨电源插座，防止触电。

【实验原理及预习问题】

（1）根据测绘所得等势线和电场线的分布，分析哪些地方场强较强，哪些地方场强较弱。

（2）实验结果能否说明电极的电导率远大于导电介质的电导率？如果不满足这个条件会出现什么现象？

（3）在描绘同轴电缆的等势线簇时，如何正确确定圆形等势线簇的圆心？如何正确描绘圆形等势线？

（4）在两个长直平行电极形成的静电场中，若将电压调至 10 V，则电势为 5 V 的点分布特点是什么？

（5）靠近电极的等势线是密集的还是稀疏的？为什么？

【数据记录】

注意 原始数据记录不得用铅笔填写，不得大量涂改。

1. 描绘同轴电缆的静电场分布

（1）实验数据记录。

表 14-1 同轴电缆实验数据表

$r_a=$_____ cm $r_b=$_____ cm $U_a=10$ V

U_r/V	各点坐标值/mm（数据记录到小数点后一位）							
	1	2	3	4	5	6	7	8
2.00								
4.00								
6.00								
8.00								

（2）根据电场线与等势线正交的原理，描绘出相应的电场线及其方向。

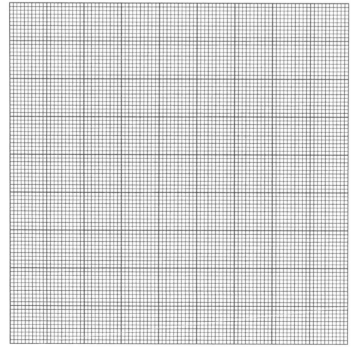

图 14-1 坐标纸供绘图

2. 描绘两个长直平行电极形成的静电场分布

（1）实验数据记录。

表 14-2 两个长直平行电极实验数据表

电极直径 b=_____　　　电极间距 $2d$=_____

电极间电压_____　　　所选等势线电压_____

U_i/V	各点坐标值/mm（数据记录到小数点后一位）							
	1	2	3	4	5	6	7	8

（2）根据电场线与等势线正交的原理，描绘出相应的电场线及其方向。

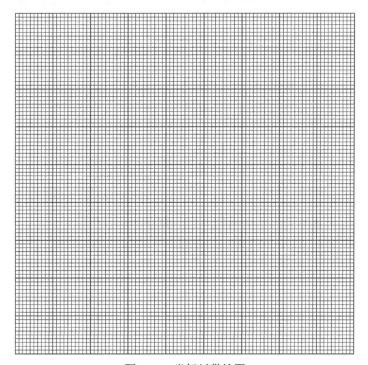

图 14-2　坐标纸供绘图

【数据处理】

1. 描绘同轴电缆的静电场分布

表 14-3　同轴电缆等势线半径的计算

电势 U_r/V		2.00	4.00	6.00	8.00
半径/cm	实验值				
	理论值				
相对误差/%					

注：用公式为 $r = r_b \left(r_b / r_a \right)^{-U_r/U_a}$ 计算半径理论值，再计算 U_r 对应的半径理论值 r 与半径实验值的相对误差。

2. 描绘两个长直平行电极形成的静电场分布

表 14-4　两个长直平行电极等势线半径的计算

电极直径 $b=$_____　　　　电极间距 $2d=$_____

电极间电压_____　　　　所选等势线电压_____

i	1	2	3	4	5	6
r_{1i}						
r_{2i}						
$k=r_{2i}/r_{1i}$						
$\bar{k}$						
等势线圆心坐标	$x_0=$_____ cm			$y_0=$_____ cm		
等势线半径	$r=$_____ cm					

提示　最后结果表述要注意正确使用有效数字和小数位数。

【课后问题与思考】

（1）平行导线电极是否可以模拟等量异号点电荷之间的静电场分布？为什么？

（2）本实验采用的交流电源产生的是变化的电流场，用它模拟稳恒电场合适吗？为什么？

教师评语

评分

批改教师签名：
日期：

实验十五　用双棱镜测量光波的波长

学号：_____　　　姓名：_____

班级：_____　　　实验序号：_____

时间：第_____周　　　星期_____第_____节课

联系方式：_____　　　指导老师：_____

【实验目的】

学生完成本实验后应具备以下能力：
(1) 掌握利用双棱镜分波面获得双光束干涉的方法。
(2) 观察双棱镜干涉现象，加深对光的波动特性和干涉知识的理解。
(3) 学会利用双棱镜测量光波波长的方法。
(4) 掌握干涉装置的光路调节技术，熟悉多元件同轴等高的调节方法。

学生完成本实验的情感目标如下：
(1) 培养基于客观事实的思辨能力，养成对客观现象背后本质的敏感性。
(2) 培养团队协作、沟通交流的能力。

【实验仪器】

光具座、钠光灯、可调单缝、双棱镜、凸透镜、测微目镜、白屏等（使用时轻拿轻放，不要摔破，透镜和反射镜损坏一个赔偿 30 元）。

【实验原理及预习问题】

(1) 测微目镜如何读数？

（2）推导双棱镜干涉条纹间距公式，作光路图，写清楚推导过程。

（3）两虚像间隔 d 如何测量？

【数据记录及数据处理】

注意 原始数据记录不得用铅笔填写,不得大量涂改。

1. 测量 Δx

表 15-1 Δx 的测量数据

干涉条纹序号 i	干涉条纹位置 x_i/mm	干涉条纹位置 x_{i+4}/mm	$4\Delta x_i = x_{i+4} - x_i$	条纹间隔 $\Delta x_i = \dfrac{x_{i+4} - x_i}{4}$

实验结果:

$$\overline{\Delta x} = \frac{1}{4}\sum \Delta x_i = \underline{\qquad}\text{mm}$$

2. 测量 D

$$D = \underline{\qquad}\text{mm}$$

3. 测量 d

表 15-2 d 的测量数据 （单位:mm)

序号	物距 u	相距 v	左明纹中心 l_1	右明纹中心 l_2	测微目镜测得的实像间距 $d' = l_2 - l_1$	两虚光源的间距 d
1						
2						
3						

实验结果:

$$\overline{d} = \underline{\qquad}\text{mm}$$
$$\lambda = \overline{\Delta x}\frac{\overline{d}}{D} = \underline{\qquad}\text{mm}$$

【课后问题与思考】

（1）双棱镜干涉的基本原理和方法是什么？

（2）干涉条纹的间距与哪些因素有关？其变化规律是什么？

（3）本实验中获得清晰干涉条纹的关键是什么？

（4）影响波长测量的主要因素有哪些？应采取什么措施来提高波长的测量精度？

教师评语

评分

批改教师签名：
日期：

实验十六　用牛顿环测量透镜的曲率半径

学号：_____　　　姓名：_____

班级：_____　　　实验序号：_____

时间：第____周　　　星期____第____节课

联系方式：_____　　指导老师：_____

【实验目的】

学生完成本实验后应具备以下能力：
(1) 阐述等厚干涉现象及其特征和原理的能力。
(2) 使用牛顿（Newton）环干涉方法测量透镜曲率半径的能力。
(3) 正确调节读数显微镜及观察干涉条纹的能力。
(4) 用科学的方法分析、处理实验数据的能力。

学生完成本实验的情感目标如下：
(1) 培养实事求是、一丝不苟的学习态度。
(2) 提升开发实践创新功能的能力。

【实验仪器】

SGH-1 型牛顿环实验装置、牛顿环套件（不可用手触摸镜面）、钠光灯。

【安全注意事项】

(1) 正确使用导轨电源插座，防止触电。
(2) 严禁用手擦拭读数显微镜的物镜和目镜表面。
(3) 严禁用手擦拭牛顿环套件的光学玻璃表面。
(4) 牛顿环金属圆框上的三个螺丝不可用力锁紧，以免凸透镜破裂或严重变形，影响测量的准确度。恰到好处的调节是让**面积最小**的环心稳定在镜框中央。

【实验原理及预习问题】

（1）透射光与反射光形成的牛顿环有什么区别？

（2）在使用牛顿环测量凸透镜曲率半径时，为什么不能反向移动显微镜？

（3）实验中，如果所测的不是牛顿环的直径，而是弦长，是否可以？对实验是否有影响？为什么？

（4）实验中，如果平板玻璃上有微小的凸起，那么凸起处的干涉条纹会如何变化？

（5）如何用等厚干涉原理检验光学平面的表面质量？

【数据记录及数据处理】

注意 原始数据记录不得用铅笔填写,不得大量涂改。

表 16-1 牛顿环测量数据

纳光灯光波波长 $\lambda=589.3$ nm　　　　　　　牛顿环编号:_____

环的序数 m		40	39	38	37	36	35	34	33	32	31	30
环的位置读数 /mm	左											
	右											
环的直径 $D_m=$|左-右|												
D_m^2													
环的序数 n		20	19	18	17	16	15	14	13	12	11	10
环的位置读数 /mm	左											
	右											
环的直径 $D_n=$|左-右|												
D_n^2													
$D_m^2-D_n^2$													
平均值 $\overline{(D_m^2-D_n^2)}$													
误差 $\Delta(D_m^2-D_n^2)$													
误差平均值 $\overline{\Delta(D_m^2-D_n^2)}$													

曲率半径:

$$\overline{R}=\frac{\overline{(D_m^2-D_n^2)}}{4(m-n)\lambda}=\underline{\qquad}$$

相对误差:

$$\frac{\Delta R}{\overline{R}}=\frac{\overline{\Delta(D_m^2-D_n^2)}}{D_m^2-D_n^2}=\underline{\qquad}$$

相对误差:

$$\Delta R=\frac{\Delta R}{\overline{R}}\times\overline{R}=\underline{\qquad}$$

实验结果:

$$R=\overline{R}+\Delta R=\underline{\qquad}$$

提示 最后测量结果表述要注意正确使用有效数字和小数位数。

【课后问题与思考】

（1）为什么相邻两条暗条纹（或明条纹）之间的距离靠近中心的要比边缘的大？

（2）用同样的方法能否测定凹透镜的曲率半径？试推证，并作图辅助分析。

（3）你对本实验体会最深的是什么？

教师评语

评分

批改教师签名：
日期：

实验十七 迈克耳孙干涉仪的调整和使用

学号：_____   姓名：_____

班级：_____   实验序号：_____

时间：第_____周   星期_____第_____节课

联系方式：_____   指导老师：_____

【实验目的】

（1）了解迈克耳孙（Michelson）干涉仪的结构、原理及调整方法。
（2）观察等倾干涉条纹的特点，了解其形成条件。
（3）测量氦氖激光器波长。

【实验仪器】

迈克耳孙干涉仪、氦氖激光器、扩束透镜。

【实验原理及预习问题】

（1）光发生干涉的条件是什么？

（2）画出迈克耳孙干涉仪的等倾干涉光路图，说明光路中两个反射镜的位置关系，以及分光板、补偿板与两个反射镜的位置关系，并解释补偿板的作用（即补偿的是什么）。

（3）等倾干涉条纹变化（湮灭或涌出）的条数 n、激光器波长 λ 与反射镜移动距离 Δd 之间的关系是什么？

【实验内容及数据记录】

注意 原始数据记录不得用铅笔填写，不得大量涂改。

1. 迈克耳孙干涉仪的调整

要求调出圆形等倾干涉条纹，观察转动微调手轮时条纹的变化。

2. 氦氖激光器波长测量

转动微调手轮，当条纹不断变化时，就可以开始记录数据。首先记录反射镜初始位置 d_0，然后转动微调手轮，同时开始数条纹变化（涌出或湮灭）的条数，每变化（涌出或湮灭）100 条，记录一次反射镜的位置 d_i，再记录 9 个位置，将数据填入表中。

表 17-1 氦氖激光器波长测量

d_0	d_1	d_2	d_3	d_4	d_5	d_6	d_7	d_8	d_9

【数据处理】

（1）波长测量值的计算。要求：用逐差法计算反射镜移动的平均距离，然后计算波长测量值。

（2）与理论值的比较分析。计算波长测量值与理论值（632.8 nm）之间的相对偏差，并分析造成此偏差可能的原因。

【课后问题与思考】

（1）你对本实验体会最深的是什么？

（2）实验中，如果看不到任何条纹，只看到一片红光，可能是什么原因？该如何调整？

（3）实验中，如果看到的是较细的直条纹而不是圆形条纹，可能是什么原因？该如何调整？

教师评语

评分

批改教师签名：

日期：

实验十八　用单缝衍射测量光波波长

学号：＿＿＿＿＿＿＿＿　　　姓名：＿＿＿＿＿＿＿＿

班级：＿＿＿＿＿＿＿＿　　　实验序号：＿＿＿＿＿＿

时间：第＿＿＿周　　　　　　星期＿＿＿第＿＿＿节课

联系方式：＿＿＿＿＿＿　　　指导老师：＿＿＿＿＿＿

【实验目的】

学生完成本实验后应具备以下能力：
（1）描述单缝夫琅禾费（Fraunhofer）衍射原理。
（2）观察单缝夫琅禾费衍射现象。
（3）测定钠光谱的波长。
（4）在已知波长的情况下测定狭缝的宽度。
（5）科学地分析、处理数据。
学生完成本实验的情感目标如下：
（1）立体地理解单缝衍射实验的本质与现象。
（2）产生研究单缝衍射及其他光的衍射现象的兴趣，包括圆孔衍射、光栅衍射等。

【实验仪器】

WDY-1 单缝衍射仪（包括光源、单缝套帽、测微望远镜）。

【安全注意事项】

（1）正确使用实验仪器，避免用手直接接触镜片或长时间直视光源。
（2）注意保护光源和镜片。

【实验原理及预习问题】

（1）单缝衍射形成暗条纹的条件是什么？单缝衍射条纹有什么特点？

（2）实验中，测量入射光波长的原理是什么？主要影响因素有哪些？应采取什么措施提高其测量精度？

（3）理论分析改变单缝宽度和单缝至屏的距离时衍射条纹变化的规律。

【数据记录及数据处理】

注意 原始数据记录不得用铅笔填写,不得大量涂改。

1. 测定单色光的波长

(1) 按仪器简介中的描述调节单缝衍射仪,并得出 L 值:
$$L=125+窗口6读数值+修正值$$

(2) 用测微目镜测出 n 级与 m 级暗条纹之间的距离 l,为减小误差,应对选定的条纹从左到右按顺序进行测量。反复测量,将数据填入表中。

(3) 取下套帽,注意不要让狭缝宽度改变,用读数显微镜测出缝宽 a。

(4) 根据公式 $\lambda = \dfrac{al}{(m+n)L}$ 计算波长,并计算标准偏差:

$$a = L = \underline{\qquad\qquad}$$

表 18-1 测定单色光的波长

$m+n$	条纹坐标	1	2	3	4	5	6	平均	$l=x_m-x_n$	λ_i
3+3	x_3									
	x_{-3}									
6+6	x_6									
	x_{-6}									
9+9	x_9									
	x_{-9}									
12+12	x_{12}									
	x_{-12}									

实验结果:

$$\sigma_\lambda = \sqrt{\dfrac{\sum\limits_{i=1}^{4}(\lambda_i - \overline{\lambda})^2}{4}} = \underline{\qquad\qquad}$$

2. 验证单缝衍射公式

3. 验证单缝宽度 a

取 $\lambda = 5.89 \times 10^{-7}$ m，计算单缝宽度 a。

【课后问题与思考】

（1）如果衍射光强左右不对称，怎样调节可消除这种不对称？为减小误差应对选定的条纹按什么顺序进行测量？

（2）如何调节可使十字叉丝和长方形开孔清晰？

（3）用单缝衍射能否对细丝直径进行测量？

（4）单缝衍射在科学技术和日常生活中有什么应用？

教师评语

评分

批改教师签名：
日期：

实验十九　弗兰克-赫兹实验

学号：_____　　　　姓名：_____

班级：_____　　　　实验序号：_____

时间：第____周　　　　星期____第____节课

联系方式：_____　　　指导老师：_____

【实验目的】

测定原子的第一激发电位。

【实验仪器】

弗兰克-赫兹（Franck-Hertz）实验仪。

【实验原理及预习问题】

（1）理论分析，改变加速电压 U_{G_2K}，在什么条件下板电流 I_P 会出现极大值。

（2）为什么要根据标牌参数进行设置？

(3) F-H 管如何保证电子与管内气体的碰撞几率？

(4) 试叙述开机后的实验仪面板的状态显示及调节步骤。

(5) 为什么不能把 I_P-U_{G_2K} 的第一峰位作为第一激发电位？

【实验内容及数据处理】

调整好零点，改变加速电压 U_{G_2K}，逐点记录板电流 I_P，在极大值附近多记几点，填入表中，并画出 I_P-U_{G_2K} 曲线。

表 19-1 数据记录表

U_A = _____ V U_{G_1K} = _____ V U_{G_2A} = _____ V

U_{G_2K}					
I_P					

（1）消除本底电流的影响。

（2）用逐差法处理数据。

假设测出 n_0 个峰，则逐差区间的数目可取为

$$n = \begin{cases} \dfrac{n_0}{2}, & n_0 \text{为偶数} \\ \dfrac{n_0-1}{2}, & n_0 \text{为奇数} \end{cases}$$

因此，第一激发电位

$$U_i = \dfrac{1}{n}(U_{n+i}^{G_2K} - U_i^{G_2K})$$

式中：$U_i^{G_2K}$ 为第 3 个峰值对应的加速电压。

对 n 个 U_i 取平均值，有

$$U = \dfrac{1}{n}\sum_{i=1}^{n} U_i$$

【实验小结与体会】

（1）你对本实验体会最深的是什么？

（2）如何消除本底电流的影响，求得第一激发电位？

教师评语

评分

批改教师签名：
日期：

实验二十　电表改装与校准

学号：_____　　　姓名：_____

班级：_____　　　实验序号：_____

时间：第____周　　　　星期____第____节课

联系方式：_____　　指导老师：_____

【实验目的】

（1）测量表头内阻及满度电流。
（2）掌握将 1 mA 表头改成 5 mA 电流表。
（3）掌握将 1 mA 表头改成 1.5 V 电压表。
（4）设计一个 $R_{中}=1\,500\,\Omega$ 的欧姆表，要求 E 在 1.3~1.6 V 范围内使用能调零。
（5）用电阻器校准欧姆表，画校准曲线，并根据校准曲线用组装好的欧姆表测未知电阻。

【实验仪器】

DH4508 型电表改装与校准实验仪。

【安全注意事项】

（1）接好线路后，确保表头指针不会超过满偏（可先将电源电压调小，保护电阻调大），才能接通电源。
（2）在实验过程中，直流电压源的电压输出调至 2 V 挡位即可。
（3）由于电阻箱的接线柱 2 引起的误差过大，实验时只接接线柱 1 和接线柱 3。

【实验原理及预习问题】

（1）测量内阻 R_g 有哪两种常用方法？

（2）简述替代法的原理，并画出电路图。

（3）将 1 mA 表头改成 5 mA 电流表，推导分流电阻 R_2 的计算公式。

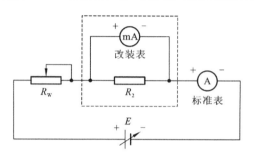

图 20-1　改电流表电路图

（4）将 1 mA 表头改成 1.5 V 电压表，推导分压电阻 R_M 的计算公式。

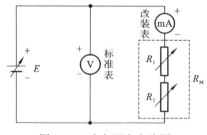

图 20-2　改电压表电路图

（5）画出将毫安表改装成串联分压式欧姆表的电路图。

【实验内容】

1. 表头主要参数（满偏电流和内阻）的测定（用替代法测量表头内阻）

调节 E 和 R_W 使表头满偏（表头指针指到满刻度 1 mA 处），记下标准电流表的值，即表头的满偏电流 $I_g=$ _____ mA，然后断开接在表头上的连线，转接到电阻箱上，调节电阻箱使得标准电流表的读数仍为刚才记录的电流值 I_g，此时电阻箱的阻值等于表头的内阻 $R_g=$ _____ Ω。

2. 1 mA 表头改成 5 mA 电流表

计算出分流电阻 $R_2=$ _____ Ω。

将电源调到最小，R_W 调到中间位置，按图接线。慢慢升高电源电压，使改装表指到满量程（可配合调节 R_W 变阻器），这时记录标准表读数。注意：R_W 作为限流电阻，阻值不要调至最小值。然后调小电源电压，使改装表每隔 1 mA（满量程的 1/5）逐步减小读数直至零点（将标准电流表选择开关打在 20 mA 挡量程），再调节电源电压按原间隔逐步增大改装表读数至满量程，每次记下标准表相应的读数。

表 20-1　1 mA 表头改成 5 mA 电流表数据记录表　　　　　　（单位：mA）

被校表头读数 I_{xi}	5.00	4.00	3.00	2.00	1.00
电流减小时标准表读数 I_{s1}					
电流增加时标准表读数 I_{s2}					
$\Delta I_{xi} = \dfrac{I_{s1}+I_{s2}}{2} - I_{xi}$					

以改装表读数为横坐标，标准表由大到小和由小到大调节时两次读数的平均值为纵坐标，在坐标纸上作出电流表的校正曲线。

3. 1 mA 表头改成 1.5 V 电压表

计算出分压电阻 $R_M=$ _____ Ω。

按图连接校准电路，用量程为 2 V 的数显电压表作为标准表来校准改装的电压表。调节电源电压，使改装表指针指到满量程（1.5 V），记录标准表读数。然后每隔 0.3 V 逐步减小改装读数直至零点,再按原间隔逐步增大至满量程,每次记录标准表相应的读数。

表 20-2　1 mA 表头改成 1.5 V 电压表数据记录表　　　　　　　（单位：V）

被校表读数 U_{si}	1.50	1.20	0.90	0.60	0.30
电压减少时标准表读数 U_{s1}					
电压增加时标准表读数 U_{s2}					
$\Delta U_{xi} = \dfrac{U_{s1}+U_{s2}}{2} - U_{xi}$					

以改装表读数为横坐标,标准表由大到小及由小到大调节时两次读数的平均值为纵坐标,在坐标纸上作出电压表的校正曲线。

4. 毫安表改装成串联分压式欧姆表

(1) 取电源电压 $E=1.5$ V,根据表头参数 I_g 和 R_g,计算出中值电阻的理论值 $R_{中理}=$ _____ Ω。

(2) 欧姆表的调零:按教材图 5-30-4 进行连线,调节电源 $E=1.5$ V,用导线连接 a、b(短路 a、b 两点,相当于 $R_x=0$),调 R_W 使表头指针满偏,此时表头指示电阻值为零。

(3) 将电阻箱 R_1、R_2(此时作为被测电阻 R_x)接于欧姆表的 a、b 端,调节 R_1、R_2,使表头指针在的中间位置,记录中值电阻的实际值 $R_{中实}=$ _____ Ω。

(4) 取电阻箱的电阻为一组特定的数值

$$R_{xi} = \frac{1}{5}R_{中}, \frac{1}{4}R_{中}, \frac{1}{3}R_{中}, \frac{1}{2}R_{中}, R_{中}, 2R_{中}, 3R_{中}, 5R_{中}, 4R_{中}$$

读出指针相应的偏转格数 d_i(格数从左到右读数 0～50 格)。利用所得读数 R_{xi}、d_i 绘制出改装欧姆表的标度盘。

表 20-3　毫安表改装成串联分压式欧姆表数据表　　　　　　　（单位：V）

R_{xi}/Ω	$\dfrac{1}{5}R_{中}$	$\dfrac{1}{4}R_{中}$	$\dfrac{1}{3}R_{中}$	$\dfrac{1}{2}R_{中}$	$R_{中}$	$2R_{中}$	$3R_{中}$	$4R_{中}$	$5R_{中}$
偏转格数 d_i									

【数据处理】

(1) 填写实验数据列表。
(2) 分别作出电流表和电压表的校正曲线。

(3）绘制出改装欧姆表的标度盘。

【课后问题与思考】

（1）电表的校准有什么用途？

（2）在校正电流表和电压表时发现改装表与标准表读数相比各点均偏高，是什么原因？应如何调节分流电阻和分压电阻？

（3）设计 $R_中$ =1 500 Ω 的欧姆表，现有两块量程 1 mA 的电流表，其内阻分别为 250 Ω 和 100 Ω，你认为选哪块较好？

教师评语

评分

批改教师签名：

日期：